La présente traduction a été réalisée pour la C.IL / IBSC / Le Macropode par Zoï éditions à partir de la version originale suivante :

AFRICAN LABYRINTHFISH, special issue 2 : a review of africain labyrinthfish

Published by Anabantoid Association of Great Britain c/o Editor: D.M.Armitage, 1A The Orchards, Westow, York, YO60 7NF, UK.

(1st Edition September 2014). 2. revised impression 2020

Remerciement de l'auteur à ceux qui ont enrichi ma connaissance des poissons à labyrinthes africains, notamment, Steve Norris pendant son travail de thèse, Jim Cambray (Albany Museum, Grahamstown), Frank Schaefer (Aquarium Glaser). Tous nos remerciements également aux auteurs des photographies, Roger Bills (JLB Smith Institute), Olivier Buisson, Juergen 'Weisswasser' Schmidt, de l'IGL, Melanie Stiassny (Museum d'Albany), S.Valdescalici, M.Kokoscha, Miloslav Jirku, Kevin Webb, Chris Brook, D.Tweddle et April Randle,.

Dave Armitage (DMA pour les photos).

Traduction en français et adaptation avec l'aimable autorisation de David Armitage pour la CIL/IBSC par Hugues Van Besien et Sylvain Mathieu, CIL, janvier 2022. Toutes les notes et indications bibliographiques (enrichies quand c'était possible) sont du traducteur, l'édition originale n'en comportait pas.

Table des matières

Les espèces du genre *Ctenopoma* (par D. Armitage & S. Norris) — 5
   Ctenopoma multispinis — 5
   Ctenopoma nigropannosum et *C. gabonense* — 9
   Ctenopoma kingsleyae et *C. petheri*, les ctenopomas avec la tache caudale. — 11
   Le poisson de brousse du bas Niger, par Frank Schaefer — 18
   Ctenopoma muriei — 26
   Les ctenopomas à tache latérale : *C. maculatum* et *C. weeksi* — 28

Les prédateurs au corps large avec des mâchoires extensibles — 33
   Ctenopoma nebulosum — 39

Les espèces du genre *Microctenopoma* par D. Armitage and S. Norris — 42
   Le complexe d'espèces *Microctenopoma congicum* — 42
   Le complexe d'espèces *Microctenopoma nanum* — 46
   L'énigme de *Ctenopoma multifasciatum*, par Frank Schaefer — 56
   Microctenopoma damasi — 63
   Microctenopoma ansorgii — 65
   Le comportement reproducteur des microctenopomas — 70

Les espèces du genre *Sandelia* : des poissons à labyrinthe endémiques de la région du Cap par D. Armitage and J. Cambray — 77
   Sandelia capensis (Cuvier, 1829) — 77
   L'habitat de *Sandelia capensis* dans la Wit River — 82
   Sandelia bainsii (Castelnau, 1861) l'« Eastern Cape rocky » — 83
   La reproduction de *S. bainsii* — 84
   Etat et statut actuel des populations de *Sandelia bainsii* — 87

Les poissons à labyrinthe africains en captivité, par David Armitage — 93

BIBLIOGRAPHIE, RESSSOURCES & NOTES — 98

Introduction

ill.1 *Ctenopoma gabonense* dont l'opercule branchiale a été ôtée pour montrer le labyrinthe

Le genre *Sandelia* d'Afrique du Sud, les perches grimpeuses *Anabas* d'Asie du Sud-Est, et les ctenopomas, les « bushfish » (poissons de brousse) font partie de la famille des anabantidae. On distingue deux groupes de poissons de brousse. Les ctenopomas, les plus primitifs, ressemblent à la perche grimpeuse : mâles et femelles se ressemblent et ces poissons dispersent leurs œufs sans prodiguer de soins aux alevins. L'autre groupe est celui des microctenopomas qui présentent un dimorphisme sexuel, édifient des nids de bulles, défendent leur territoire et s'occupent de leurs jeunes, tout à fait comme les gouramis asiatiques.

Les aquariophiles connaissent depuis longtemps les particularités des deux groupes, ce n'est que récemment (Norris, 1995) que les taxinomistes les ont consacrées en séparant deux genres, les pondeurs en eau libre constituant le genre *Ctenopoma* et pour les constructeurs de nids le genre nouveau *Microctenopoma*[1].

On peut encore distinguer plusieurs sous-groupes au sein des pondeurs en eau libre. Le groupe *Ctenopoma multispinnis* ressemble le plus aux anabas asiatiques. Les autres poissons étaient jusqu'ici informellement rangés dans un « groupe *Ctenopoma petherici* » mais des analyses génétiques menées par Ruber et ses co-auteurs ont montré que le petit *C. muriei* est une forme sœur à la fois du groupe *C. petherici* et des microctenopomas. Les sandelias demeurent une énigme, ils seraient un groupe frère du groupe *Ctenopoma multispinnis,* mais ils présentent des différences notables en matière de comportement reproductif.

Le présent travail est la synthèse des informations accumulées pendant trente ans et publiées dans *Labyrinth,* de mes échanges sur les poissons de brousse et d'une série d'articles qui m'avaient été demandés par une revue allemande[2]. J'espère avoir dépassé le stade du guide aquariophile et être parvenu à donner un aperçu de l'histoire naturelle de ces poissons.

Les espèces du genre *Ctenopoma* (par D. Armitage & S. Norris)

ill. 2 *Ctenopoma .multispinis* « Mweru Wantipa Zambia » © F.Schaefer

Les espèces africaines qui ressemblent le plus aux *Anabas spp*[3] sont *Ctenopoma gabonense*, *C. nigropannosum* et *C. multispinis*, trois espèces apparentées parfois désignées comme les « poissons de brousse élancés ». Le pédoncule caudal est bien marqué, les mâles possèdent un seul ensemble de « griffes » sexuelles derrière l'œil et sont un peu plus petits que les femelles.

Ctenopoma multispinis
C. multispinis, long de 13,5 cm est l'espèce la plus simple à identifier parce qu'elle est séparée géographiquement des deux autres, localisée au sud du continent, au sud des forêts congolaises, dans les bassins du Zambèze et de l'Okavango (Zambie, Angola, Zimbabwe, Mozambique et Afrique du Sud).

Elle présente des marbrures sur les flancs, quelquefois des barres plus apparentes à l'arrière des yeux et de la gueule. *Ctenopoma machadoi* diffère de la forme nominale par l'absence de la tache noire sur la nageoire dorsale, des marques plus évidentes et une morphologie un peu plus épaisse. *C. vernayi* est lui aussi plus trapu que la forme canonique de *C. multispinis*. Ces espèces vivent dans des zones inondables et des marais où ils se nourrissent d'insectes et de petits poissons. *C. multispinis* est connu comme « le poisson qui tombe du ciel » en raison de son apparition loin de tout point d'eau après les pluies, jusqu'à 9 km de distance.

ill. 3 et 4. Specimen de la région des rapides de la Mutundu River, Mufulira, Zambie © D Kindler.

ill. 5 *C. multispinis* Mozambique. ©R.Bills

ill. 6 Habitat de *C.multispinis,* berge herbeuse près de Safwe pontoon.
©R.Bills

Ctenopoma nigropannosum et *C. gabonense*

ill. 7 *Ctenopoma nigropannosum* © C.Brook

Le specimen type *de Ctenopoma pellegrini*, anciennement *Anabas pellegrini* correspond à la description : un poisson allongé, grisâtre, avec des rayons incolores aux nageoires pelviennes et une barre sur le pédoncule caudal. Le specimen type de *C. gabonense* correspond plutôt à la forme qui sera ultérieurement désignée comme *C. nigropannosum*, un poisson plus trapu, plus sombre, à la tête pointue. Le specimen type de *C. nigropannosum* et un autre poisson conservé avec lui sont en mauvais état. Ils proviennent d'un point de collecte où on a retrouvé l'espèce grisâtre, mais pas l'autre plus sombre. SMN a examiné des milliers de specimens des deux formes et il arrive à la conclusion que le poisson type est de l'espèce grise et allongée. La seule dénomination disponible pour la forme plus sombre serait *Ctenopoma gabonense*, et il y aurait deux noms possibles pour l'autre, *A. pellegrini* et *C. nigropannosum,* le second ayant priorité en application des règles taxinomiques.

Les individus jeunes ont des barres bien marquées sur les flancs, et cela nous conduit à un autre problème de synonymie : les poissons désignés comme *Ctenopoma ashbysmithi*[4] sont clairement un lot de *C. nigropannosum* juvéniles.

C. gabonense a été attesté dans les marais et les zones inondables bordant les lacs et les rivières du bassin de la Tshaupa, au Congo. Matthes[5] a laissé une bonne description des déplacements terrestres de ce qu'il appelait *C. pellegrini* : « Ils se déplacent sur le sol avec une rapidité étonnante, utilisant les aspérités du sol, les rameaux et les plantes pour prendre appui sur les nageoires pectorales et les opercules branchiaux. Le poisson progresse par contractions alternatives des muscles du côté droit et du côté gauche du corps. Les nageoires pectorales permettent d'avancer et l'opercule pivote comme une véritable charnière à partir du pré-opercule et s'ouvre d'un côté quand le corps est incurvé de l'autre. Après quoi le côté opposé se contracte à son tour, la nageoire pectorale est ramenée vers l'arrière et l'opercule se referme. La chose se répète ensuite de l'autre côté. » Dans la suite il précise qu'ils peuvent effectivement gravir des berges et parcourir ainsi des distances considérables. Dans la nature les femelles *C. gabonense* pondent jusqu'à trois ou quatre mille œufs jaunes vers la fin septembre. J'ai souvent reproduit *C. nigropannosum* mais je n'ai jamais observé cet évènement précis de la ponte. Je m'aperçois qu'ils pondent quand ils cessent de manger, ce qui n'est pas dans leurs habitudes, et quand je trouve en surface une sorte d'écume huileuse et des centaines d'œufs qui flottent parmi les plantes flottantes. On lit souvent que ces poissons ne donnent pas de soins aux jeunes, mais la première forme du soin parental ne serait-elle pas de ne pas manger sa progéniture ? Les larves de cette espèce sont assez grandes et faciles à élever.

lement de *C. gabonense* ©M.Kokoscha

Ctenopoma kingsleyae et C. petheri, les ctenopomas avec la tache caudale.

ill. 10 *C.petherici* (specimen du Ghana). ©DMA

ill. 11 *C.petherici* de Bouni stream, Volta. © F.Schaefer

ill. 12 *C. petherici,* le "peigne" à l'arrière de l'œil révèle qu'il s'agit d'un mâle.

Si les poissons de brousse élancés sont le chaînon entre les anabas d'Asie et les ctenopomas, les ctenopomas à tache caudale sont le stade suivant en direction des formes trapues. Plus trapus que les premiers, ils possèdent deux « peignes » de griffes sexuelles chez les mâles adultes (un derrière l'œil, un sur le pédoncule caudal) et leur pédoncule caudal est court.

ill. 13 Habitat de *C. petherici* au Gabon, 9.6 km Mouilla – Lambarene pH 7.2; 23° C DH < 1 ©DMA

Ces deux espèces sont le plus souvent confondues dans la littérature aquariophile et scientifique. Comment les différencier ?

Les deux poissons atteignent environ 20 cm, sont gris terne avec une tache sur le pédoncule caudal.

Cependant, *Ctenopoma kingsleyae* a le ventre argenté, une grosse écaille brillante sous l'œil et des nageoires ventrales pigmentées. *C. petherici* a un point caudal plus grand et des nageoires ventrales plus ou moins transparente ou blanchâtre, mais jamais teintées de sombre. *C. petherici* tend vers le vert et possède un iris rouge-brun. Jusqu'à la taille de 30 mm les jeunes poissons sont couleur chocolat foncé avec des marbrures plus pâles sur la tête et sur les flancs et une mince bande pâle qui court du début de la base de la nageoire dorsale à la base de la nageoire pelvienne, où celle-ci est densément pigmentée. Les deux espèces n'ont pas le même habitat. *C. kingsleyae* est une espèce forestière et *C. petherici* vient des savanes. On trouve le premier dans la zone des forêts primaires de Congo-Guinée et du Niger (par exemple au Gabon, au Cameroun et dans le sud du Nigeria) et le second dans les savanes nilo-soudaniennes et ivoiriennes, par exemple au Ghana et en Gambie.

ill. 14 Chez la femelle *Ctenopoma kingsleyae*, les « peignes » sont plus discrets que chez le mâle, ou carrément absents © H.Hensel/J.Schmidt.

ill. 15 "Peigne" bien visible chez un *Ctenopoma kingsleyae* mâle. La flèche montre l'endroit où passer le doigt pour déterminer le sexe. .© H.Hensel/J.Schmidt.

ill. 16 et 17 Ndog Bong (Cameroun), pH 6,5, et en dessous le *C. kingsleyae* capturé à cet endroit. Photos O. Buisson.

Quand on trouve *C. kingsleyae* en dehors de la zone forestière proprement dite, c'est seulement dans les restes de forêt (forêts - galerie le long des cours d'eau) et en l'absence de *C. petherici*. Dans les marais de Zio, au Togo occidental, on trouve *C. petherici* dans les bras morts des cours d'eau, qui sont permanents, mais les poissons migrent dans les zones inondées pour se reproduire au début de la saison des pluies. Il semble que, traditionnellement, les habitants de ces régions conservaient ces poissons dans des pots de terre et les relâchaient dans les rivières à l'arrivée des pluies pour se concilier les esprits des rivières et s'assurer ainsi une bonne pêche. Chez *C. kingsleyae* le frai commence par des mouvements vigoureux de la tête des deux partenaires. Le mâle nage ensuite la femelle et l'enlace en prenant une forme de virgule. Les poissons émettent des grognements et des claquements. Il peut y avoir jusqu'à 2000 œufs. Des choses semblables ont été rapportées à propos de *C. petherici*, toutefois, dans son cas, le processus est initié par le mâle qui vient heurter la poitrine de la femelle.

Il y a quelques parades côte à côte. Le mouvement de tête de la femelle a été interprété comme un geste d'apaisement. De temps en temps le mâle s'arrête subitement de nager et touche la base de sa queue avec sa gueule, comme s'il faisait un étirement.

Les jeunes des deux espèces ont des bandes claires, notamment entre les deux yeux et au milieu du corps. Ils atteignent une taille de 3 à 5 cm en 7 mois.

Le poisson de brousse du bas Niger, par Frank Schaefer

Les premières importations de poissons de brousse ont eu lieu en Allemagne en 1912. Il s'agissait de *Microctenopoma fasciolatum* en provenance du Congo importés par la société Siggelkow à Hambourg et d'un poisson à tache caudale du Bas Niger importé par la société Kuntschmann, toujours à Hambourg. Les deux espèces ont été dessinées par Johann Paul Arnold[6] qui vivait à Hambourg à cette époque. Les poissons ornementaux étaient presque tous ramenés par des marins qui les achetaient dans les ports exotiques et les revendaient au retour pour se faire un peu d'argent. On connait donc leur provenance. Le poisson de brousse à tache caudale venait « de Wari, sur le Bas Niger ». Ce port porte de nos jours le nom de Warri, il est situé dans l'Etat du Delta dans le sud du Nigeria. Personne ne fut en mesure de déterminer son espèce et il fut désigné *Anabas sp.* Le premier article consacré à ces poissons a paru dans le livre *Die exotischen Zierfische in Wort und Bild* [Les poissons exotiques d'ornement par le texte et par l'image] de K. Stansch (août 1914)[7]. L'article reprenait les dessins d'Arnold que nous avons reproduit ci-dessous. On croyait que le poisson avec deux bandes claires était le mâle et celui avec une seule bande la femelle. Nous savons maintenant que les deux poissons portaient simplement la robe des juvéniles et qu'ils n'étaient pas sexuellement matures.

ill. 18 Jeunes *C. kingsleyae* par A. Wendt (1915), *Anabas africanus*. BATK 26, pp. 337-8.

Le premier compte-rendu d'une reproduction a été donné par Richard Vetterlein en 1914 dans la revue *Wochenschrift für Aquarien- und Terrarienkunde* (n°13, pp. 253-254). Celui-ci avait reçu trois ctenopomas de l'importation Siggelkow en 1912. Il désigne ses poissons comme *Anabas africanus*, certainement la forme latinisée d'une appellation commerciale, créant un synonyme pour *Ctenopoma kingsleyae*. L'auteur de ces lignes n'est pas parvenu à déterminer qui avait inventé ce nom. L'intention de Vetterlein n'était pas de procéder à une description scientifique du poisson, il pensait que c'était la désignation correcte, donnée par Boulenger. Mais Boulenger n'a jamais attribué ce nom dans une description et Vetterlein est devenu involontairement le créateur d'une appellation invalide.

A la lecture de ses articles et de sa description de leur coloration on comprend que ses poissons étaient des *C. kingsleyae* typiques. Pourtant, ce qu'il dit de leur comportement reproductif ne correspond pas. Vetterlein rapporte que la femelle a émis les œufs tout en nageant et que le mâle qui la suivait a fécondé les œufs qui dérivaient dans son sillage. Je suis d'avis que Vetterlein a effectivement réussi la reproduction parce qu'il décrit en détail le développement des jeunes et leur robe spécifique, il ne l'a pas imaginé. Mais je crois aussi qu'il n'a pas observé directement ni vraiment la ponte et la fécondation. Il m'est arrivé de voir pondre une femelle *Ctenopoma weekei* que je gardais isolée simplement parce qu'elle était pleine d'œufs et qu'elle a réagi à un bouleversement des paramètres de l'eau. C'est ce qui a dû se passer chez Vetterlein, sa femelle a simplement perdu des œufs, le véritable accouplement et la ponte ont eu lieu plus tard, sans qu'il l'observe.

L'article de Vetterlein est illustré par un dessin fait par Christian Brüning, de Hambourg qui montre un « anabas du Niger importé en

1914 » et figure un poisson du groupe des espèces élancées d'après son pédoncule caudal allongé (ill. 19 ci-dessous). Ce n'est aucunement *Anabas africanus* et probablement *Ctenopoma gabonense*. Ce qui implique que la notice *Anabas africanus* dans le *Catalogue of Fishes* d'Eschmeyer[8] n'est pas exacte et que l'illustration reproduite ci-dessous ne représente pas *Anabas africanus*.

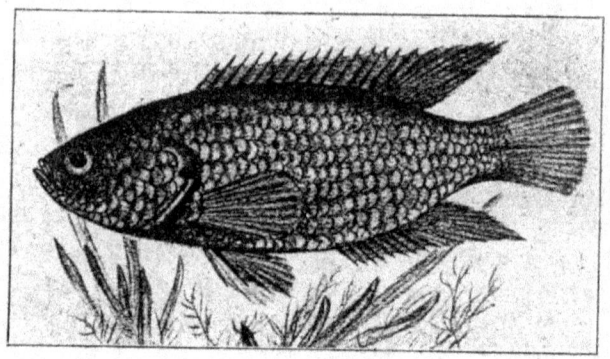

Abbildung 4. *Anabas spec.* aus dem Niger.
Typus der Familie Anabantidae und der Gattung Anabas.

On trouve une mention ultérieure d'*Anabas africanus* dans un article d'Albert Wendt publié en 1915 dans le magazine *Blätter für Aquarien- und Terrarienkunde*. Il est illustré d'une photographie d'Aenny Fahr (qui vivait alors à Darmstadt) faite au zoo de Francfort sur le Main qui a présenté ces poissons pendant plusieurs années (le dernier est mort en 1922). Le zoo a obtenu la reproduction mais ses poissons n'étaient pas de souche pure. Ils s'étaient hybridés avec *Anabas testudineus* ! Arnold a décrit et dessiné en 1919 les poissons issus de ce croisement unique. Wendt a lui aussi décrit en 1915 l'apparence et le comportement de ses deux poissons. Il pensait avoir deux femelles parce qu'ils n'arboraient aucune bande claire. On ne peut pas avoir de certitude quant à l'espèce maintenue par Wendt, cependant la photographie prise par Fahr montre indubitablement *Ctenopoma kingsleyae*. Wendt désigne ses poissons comme *Anabas africanus* cependant mais une note de l'éditeur scientifique précise que celui-ci n'a aucune information sur une espèce décrite qui porterait ce nom et dans le titre celui-ci est placé entre guillemets.

Le dernier specimen du Zoo de Francfort est mort en juin 1922 et bien que ceci ne soit explicitement mentionné nulle part à ma connaissance, il est très probable que ce poisson était celui que Schreitmüller a envoyé à Ernst Ahl au Museum d'histoire naturelle de Berlin en juillet 1922 et qui a servi de type à l'espèce *Anabas argentoventer,* et qui en est aussi le seul exemplaire connu. Ahl a publié la description « officielle » d'*Anabas argentoventer* l'année suivante dans la vénérable revue scientifique *Zoologischer Anzeiger*[9], néanmoins, la référence retenue pour originale devrait être *Anabas argentoventer* (Ahl dans Schreitmüller & Ahl, 1922), ou *Ctenopoma argentoventer* (Ahl dans Schreitmüller & Ahl, 1922) parce qu'il avait donné une prépublication au magazine aquariophile *Blätter für Aquarien- und Terrarienkunde* dans son numéro d'octobre 1922. La description était encore une fois illustrée par la photographie d'Aenny Fahr déjà utilisée par l'article de Wenjdt en 1915 (ill. 20 ci-dessous), affublée d'un nouveau nom *Anabas argentoventer* n. spec. !

Jusque récemment *Anabas argentoventer* était assez généralement considéré comme un simple synonyme de *Ctenopoma kingsleyae*. Il est connu que quand ils sont très jeunes les alevins de *C. kingsleyae* présentent un joli dessin de barres claires sur un fond sombre et on pouvait penser que l'importation de 1912 depuis Warri ne contenait que des jeunes poissons aux différents stades de leur coloration.

Cependant, en septembre 2006, j'ai reçu chez Aquarium Glaser une importation de ctenopomas en provenance du Nigeria et j'ai appris du fournisseur qu'ils « venaient de la rivière Akio ». J'ai creusé un peu et je me suis aperçu que le nom « Akio » était un vieux synonyme pour ce qu'on appelle maintenant l'Aye River, un des quatre cours d'eau qui alimentent le lagon de Lagos. Et ces poissons coïncidaient parfaitement avec les éléments de description donnés en 1914 pour *Anabas sp.* : deux variétés de robe chez les jeunes poissons, l'origine géographique (le Bas-Niger) : c'était le mystérieux « *Anabas sp.* De Wouri ».

Il semble bien qu'une voire deux espèces très semblables vivent dans le Bas-Niger. La première ne possède qu'une barre claire à travers l'œil au stade juvénile et l'autre en a deux.

Quand ils prennent leurs couleurs d'adulte l'une a un pédoncule caudal un peu plus court et arborent des marques verticales, sans grande écaille brillante sous l'œil, l'autre, au pédoncule un peu plus long, pas de barres et pas cette écaille particulière. Je ne peux pas mettre en relation les formes juvéniles avec leur forme adulte respective parce que je n'ai pas pu garder ces poissons assez longtemps.

ill. 21,22, 23 C.kingsleyae importés de la Aye River, Nigeria. En haut, les juvéniles, à comparer avec l'ill. 18. ©Frank Schaeffer

Ce groupe de poissons de brousse à tache caudale est très intéressant et je suis sûr qu'il existe d'autres formes que les deux espèces actuellement reconnues, *C. kingsleyae* and *C. petherici*. Par exemple, le poisson juvénile non identifié de la photo ci-dessous (ill.

24, ©Frank Schaeffer), en provenance du Congo, est très probablement un poisson de brousse à tache caudale, mais lequel ?

Ctenopoma muriei

Ill.25 *C. muriei* venant de l'Ouganda Photo DMA

ill. 26 Marais de Lwamunda, lac Nabugabo, Ouganda. pH 5,6. ©April Randle

L'espèce miniature du groupe ne dépasse pas 8-10 cm et arbore de subtiles marbrures sur un fond brun doré avec des points bleu foncé. Les femelles sont généralement plus grandes que les mâles.

Bien que l'aire de répartition de l'espèce soit étendue, allant du Haut-Congo et du Zambèze au Nil Blanc, au Tchad et même jusqu'à des lacs de la vallée du Rift, les specimens en provenance des différentes régions présentent très peu de variations. L'écologie de ces poissons a été étudiée dans la rivière Kafunta, près de Bugunga, en Ouganda, où on les trouve de façon saisonnière dans les points d'eau laissés par les pluies. Les jeunes poissons disparaissent aussitôt après les premières pluies et reviennent après les secondes et achèvent leur croissance dans les points d'eau. Le pH était de 7,3 pendant les pluies mais évolue quand les points d'eau s'assèchent, l'eau était trouble et la profondeur réduite à quelques cm. On a fait l'hypothèse que la préférence des poissons pour une profondeur de 15 à 30 cm d'eau correspondait à un compromis entre la nécessité d'éviter les prédateurs aériens, comme le martin-pêcheur et la facilitation des remontées en surface pour prendre de l'air.

ill. 27. Deux *C. muriei* mâles poursuivant une femelle plus grande qu'eux lors du frai. ©K.Webb

J'ai observé une ponte vers 22 heures dans une eau à 26° avec un pH de 5. Deux mâles de 4 cm poursuivaient une femelle de 6 cm qui filait le long de l'aquarium de 45x20x20 cm. L'enlacement a eu lieu quand la femelle s'est subitement arrêtée, tête en haut et n'a duré qu'une seconde. Les œufs étaient émis par paquets de 10 à 30 et il y a eu entre 10 et 20 accouplements dans l'heure. Les œufs mesurent 0,85 mm et flottent. A l'éclosion les larves possèdent deux sacs huileux et ne nagent pas activement avant quatre jours. Elles sont minuscules et bien que j'aie eu des pontes étalées sur un an je n'ai pas réussi à élever plus d'une vingtaine de jeunes sur tout ce temps.

Les ctenopomas à tache latérale : *C. maculatum* et *C. weeksi*

ill. 28 *C.maculatum* de Ntem © F.Schaefer

ill. 29 *C. maculatum* adulte. Photo DMA

Ce sont deux espèces avec un corps brun clair à chocolat qui peut être marbré de noir chez les jeunes poissons et une grosse tache noire située au milieu du corps, sur le flanc. *C. maculatum* peut atteindre 20 cm et possède un « nez » pointu. Il a les nageoires claires et on ne le trouve que dans une zone restreinte du Sud du Cameroun-Nord du Gabon et dans le territoire congolais adjacent.

Le critère de différenciation le plus évident est à chercher du côté de la nageoire caudale qui est transparente chez *C. maculatum*. J'ai obtenu un specimen de cette espèce capturé par Olivier Buisson en 1999 dans la région de Sangmelina, dans le cours d'eau Mfouladja près du village de Mengbwa. A ce moment le cours d'eau était réduit à une succession de bassins peu profond. L'eau avait une dureté négligeable et un pH de 6. J'en ai gardé jusqu'à 5 dans un bac d'1 m sans relever d'agressions notables entre les poissons mais des amis ont rapporté qu'il pouvait être teigneux et qu'ils avaient dû séparer le sujet le plus faible.

ill. 30 *C. maculatum* (juvénile). Photo O. Buisson.

ill. 31 Habitat de *C.maculatum* dans le cours d'eau Mfoudadja près du village de Mengbwa(Cameroun) pH 6; TH 0 ©O.Buisson

ill. 32 Jeune *C. weeksi* © F. Schaefer

Ill. 33 C. weeksii de Mai Ndombe.

La deuxième espèce, *Ctenopoma weeksi* (anciennement *C. oxyrhynchum*) vient de la République Démocratique du Congo, a le « nez » moins pointu que celui de l'espèce précédente, le bord des nageoires noires, et ne dépasse pas 11 cm. On peut le maintenir en groupe dans de petits bacs (40 x 40)

ill. 34 *C. weeksi* de Mai Dombe © F. Schaefer

La reproduction de *C. weeksi* a été fréquemment observée. Les poissons nagent en rond près du fond, une série d'enlacements brefs peut produire jusqu'à 4000 œufs couleur ambre. Comme chez beaucoup de ctenopomas pondeurs en eau libre l'acte de reproduction passe souvent inaperçu, d'autant plus facilement que les alevins fuient la lumière et se dissimulent sous des feuilles et des pierres. Au début, la moitié arrière du corps est presqu'uniformément noire.

Les prédateurs au corps large avec des mâchoires extensibles

ill. 35 *C. ocellatum* subadulte© F. Schaefer

Ctenopoma acutirostre et *C. ocellatum* sont des prédateurs en forme de feuille avec de grands yeux et des mœurs semi-nocturnes. Pellegrin en avait donné des descriptions séparées en 1899 mais Boulenger a réuni les deux espèces en une seule sous la désignation *C. ocellatum* en dépit de leur coloration bien différente. *C. ocellatum* arbore un joli motif en chevrons, une grosse tache ocellée juste à la base de la caudale et atteint 15 cm. *C. acutirostre*, qui doit son surnom de ctenopoma léopard à sa robe tachetée, atteint 20 cm et c'est le plus spécialisé. Chez les deux espèces les marques de la robe tendent à s'estomper avec l'âge, ce qui a pu laisser penser qu'il s'agissait de deux morphes de la même espèce, néanmoins, la structure de la mâchoire les distingue clairement. La mâchoire extensible fonctionne à partir de la morphologie de deux os de la mâchoire supérieure situés juste sous la peau. Chez *C. acutirostre* qui ne possède à cet endroit qu'une mince couche d'écailles ils sont visibles, moins chez l'autre espèce où ils sont recouverts de peau et d'écaille. Ces poissons préfèrent se tenir à l'affut dans la végétation du bac et tendent à ne sortir que pour se nourrir.

ill. 36 *C. acutirostre* avec la mâchoire semi-projetée Photo Klaus Rudolf pour BioLib.cz,

Ce sont les deux seules espèces du genre à posséder cette mâchoire particulière qui crée une succion et qui est idéale pour capturer de petites proies rapides, notamment les petits poissons. On les trouverait toutes les deux dans les zones les plus calmes de cours d'eau plus ou moins rapides du Stanley Pool, près des villes de Kinshasa et de Brazzaville, les capitales jumelles des deux Congo mais leur aire de répartition est bien plus étendue dans le centre de l'Afrique. Ils affectionnent les dessous des surplombs des berges et la végétation dense.

Ill.37 *C. acutirostre,* specimen né en captivité © F.Schaefer

Ill. 38 *C. acutirostre* de Mai Ndombe © F.Schaefer

Ill. 39 C. acutirostre « orange » © F.Schaefer

Ill. 40 *C. acutirostre* du Stanley Pool © F.Schaefer

Comme on le voit ci-dessus (ill. 37,38, 39, 40), *C. acutirostre* est variable selon les provenances et les individus.

En captivité, l'espèce est assez exigeante. Les poissons refusent souvent toute autre nourriture que des proies vivantes quand ils sont jeunes. Chasseurs embusqués, il leur faut un bac où ils sont tranquilles et disposent de beaucoup de cachettes d'où guetter les proies. Ils sont de plus sensibles à la qualité de l'eau. Quand je les ai maintenus dans un bac envahi de *Vallisneria* sur un substrat de gravier, ils prospéraient, tandis qu'ils végétaient dans les bacs nus sujets à des chutes de pH. Point de confusion : il arrive occasionnellement dans les importations une troisième espèce qui ressemble beaucoup à *C. ocellatum* mais possède une coloration grise uniforme, un ventre argenté et un museau plus arrondi. On dirait à première vue qu'elle est intermédiaire entre *C. petherici* et *C. ocellatum* et malheureusement, on n'a pas à ce jour pu déterminer si elle était dotée de la mâchoire extensible. Les observations préliminaires de F. Schaefer laissent supposer qu'il s'agirait de la forme décrite comme *C. breviventrale* (*Anabas breviventralis*) par Pellegrin en 1938[10].

Ill. 41 *Ctenopoma cf breviventrale* Photo DMA

L' « ocellatum gris » est-il l'*Anabas breviventralis* ?, par Frank Schaefer

Jacques Pellegrin a décrit en 1938 une nouvelle espèce du genre *Anabas* à partir d'un seul specimen provenant du Congo français, sans autre précision. Le poisson avait été collecté par Jean Thomas[11] au cours d'une expédition réalisée sur le Congo et dans la région du lac Tchad de septembre 1929 à mai 1930. La description de Pellegrin (p. 377) est courte et dépourvue d'illustration. En dessous des données morphométriques il précise :

« La teinte générale est brune avec une tache plus foncée devant la caudale ; celle-ci est jaunâtre, marquée de noir en arrière ; la dorsale et l'anale molle sont de même couleur. »

Pellegrin ne fait de diagnostic comparatif comparaison qu'avec *Anabas ocellatus* (!), il dit que la nouvelle espèce s'en distingue par l'absence de pédoncule caudal et par la couleur et pose que celle-ci serait proche d'*Anabas riggenbachi* et d'*Anabas caudomaculatus*, considérées de nos jours comme des synonymes de *Ctenopoma petherici*, qui possèdent des rayons de la nageoire ventrale plus longs que ceux d'*A. breviventralis*. Le nom d'espèce, breviventralis (latin pour « à nageoire ventrale courte ») fait référence à ce détail anatomique.

J'ai pu voir le specimen type d'*Anabas breviventralis* (Type MNHN n° 1938-0031) au Museum d'Histoire Naturelle de Paris (ill. 42 ci-dessous, photo F. Schaefer), qui, formellement devrait devenir *Ctenopoma breviventrale*, parce que *Ctenopoma* est neutre et *Anabas* masculin. Il n'est pas en bon état mais je ne vois aucune raison de ne pas identifier « l'ocellatum gris » avec *Ctenopoma breviventrale*.

Holotype Anabas breviventralis Pellegrin, 1938
MNHN 1938-0031

Dans l'autre sens, deux arguments principaux :

- l' ocellatum gris » et *Ctenopoma breviventrale* viennent tous les deux du Congo
- L'apparence superficielle du type est très semblable à celle de l'ocellatum gris.

Il faudrait d'autres recherches pour clarifier le statut taxinomique d'autres espèces du genre *Ctenopoma* ayant fait l'objet de descriptions anciennes avant de conclure, raison pour laquelle j'opte pour la désignation provisoire *Ctenopoma cf. breviventrale*.

Ctenopoma nebulosum

ill. 43 *Ctenopoma nebulosum* adulte. Photo DMA

Il y a une quatrième espèce de ctenopoma au corps en forme de feuille : *Ctenopoma nebulosum* (Norris & Teugels, *1990*[12]).

Stefan Valdescalici a relaté la capture de cette espèce dans la région d'Ikot Ekpene, dans la rivière Obot Akarà (05° 18.46 N-07°s 39.36) à environ 500 km de Lagos en même temps que celle des espèces *Cromaphyosemion bitaeniatum, Epiplatys biafranus, Hemichromis fasciatus, Tilapia meriae, Ctenopoma kingsleyae, Nannocharax latifasciatus (?), Barbus callipterus (?), Brienomyrus brachyistius, Brycinus longipinnus, Malapterurus electricus,* et *Chrysichthys nigrodigitatus* [NdT : soit des killies, des cichlidés et des characidés africains, des poissons chats, plus un ctenopoma et un poisson électrique]. Les anabantidae juvéniles et les espèces les plus petites se trouvaient toujours à proximité du rivage, mais en eau profonde, et les adultes au milieu de la rivière. Au-delà, on le trouve dans la rivière Sambreiro du delta du Niger, dans le Sud-Est du Nigeria, dans des eaux courantes (pH 4,5 à 6, conductivité très basse), où il vit dans la végétation des berges de bras d'une dizaine de m de largeur et d'un à deux m de profondeur.

ill. 44 *C. nebulosum* juvénile. Photo F. Schaefer

Cette espèce a le corps, la dorsale et les pelviennes couleur chocolat avec quelques marbrures plus claires sur les flancs qui lui valent son nom d'espèce latin. Son organe labyrinthique est faiblement développé.

Je remercie Horst Linke pour m'avoir permis une (brève) expérience de ces poissons en me donnant des adultes qu'il avait obtenu au stade juvénile de la firme Aquarium Glaser. Malheureusement, il s'agit, avec *C. acutirostre*, de l'espèce la plus délicate à maintenir. Mes poissons sont morts quand le filtre est tombé en panne pendant mes vacances, alors que toutes les autres espèces ont survécu, y compris *Microctenopoma ansorgii*. Ils ne supportent visiblement pas la pollution et les chutes de pH, je recommande donc un substrat de gravier et des changements d'eau fréquents.

Ill. 45 Habitat de *C. nebulosum* dans la rivière Obot Akara (Nigeria) pH 4.5-6, dureté négligeable ©S.Valdescalici

Les espèces du genre *Microctenopoma* par D. Armitage and S. Norris

ill. 46 Couple de M. fasciolatum *Photo O. Buisson*

Les espèces constructrices de nids du genre *Microctenopoma* ont pour plus proches parentes les poissons de brousse élancés : elles ont en commun avec celles-ci de ne présenter que 14 rayons à la nageoire caudale, contre 16 pour les autres ctenopomas.

Le complexe d'espèces *Microctenopoma congicum*

Dans sa thèse, Steven Norris reconnait trois espèces au sein du complexe *M. congicum* : *M. congicum*, *M. fasciolatum* et *M. pekkolai*, un poisson d'Ethiopie et du Soudan sur lequel on sait peu de choses. Les poissons de groupe ont tous 6 à 8 barres verticales assez proches sur les flancs et un nombre de rayons durs des nageoires internes compris entre celui, maximal, de *M. ansorgii* et *M. damasi*, et celui, minimal de *M. nanum*. Une autre caractéristique anatomique, interne, est de ne posséder qu'un unique métaptérygoïde de forme triangulaire (un des douze os pairs du palais qui constituent la mâchoire).

M. fasciolatum, originaire des deux Congo, est bien connu et aisément reconnaissable. L'espèce qui donne son nom au complexe, *M. congicum*, a une robe très proche de celui-ci tout en ayant la morphologie plus allongée et le museau plus pointu de *M. nanum* et de *M. ansorgii*. *M. congicum* et *M. fasciolatum* se ressemblent mais diffèrent par le nombre de rayons durs aux nageoires, plus élevé chez ce dernier. Ils proviennent tous les deux de la partie inférieure du bassin du Congo et des zones forestières de celui-ci.

ill. 47 *M. fasciolatum* de Kinshasa, mâle mince. Photo F. Schaefer

Ill. 48 *M. cf congicum* de Kinshasa, mâle. Photo F. Schaefer

ill. 49 *M. cf congicum* de Mai Ndombe, femelle, Photo F. Schaefer

M. pekkolai est confiné au Nil Blanc et ne semble pas excéder 40 mm de longueur standard [Ndt : comptée du bout du museau à la dernière vertèbre, sans les rayons de la nageoire caudale]. On voit encore sur le specimen type 9 barres verticales étroites et inégales qui font l'effet d'un damier. L'espèce n'était connue que par la description originale sous la désignation d'*Anabas pekkolai* par le naturaliste suédois Hialmar Rendahl (1891-1969) en 1935[13], établie à partir d'un seul exemplaire, jusqu'à ce que Norris en trouve d'autres injustement caractérisés comme *C. muriei* dans les collections du Museum d'Histoire Naturelle de Londres.

Mironovskii[14] et d'autres ont entrepris de compléter la description en étudiant des individus capturés dans un point d'eau saisonnier de la savane à 7 km à l'ouest d'Abobo dans la région de de Gambela (97°521 N, 34°261 E). Cela a permis de confirmer la séparation entre *M. pekkolai* et les autres espèces du complexe *M. congicum* mais l'étendue des variations observées soulève la question de l'existence d'autres espèces « dissimulées » sous les désignations connues.

Ill. 50 Holotype de l'espèce *M. pekkolai*, photo S. Norris

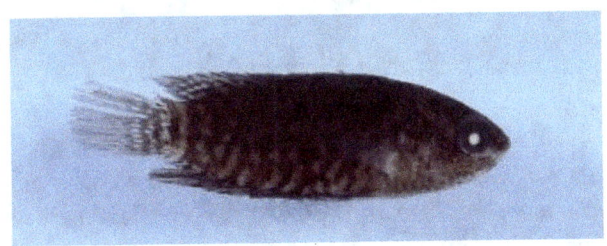

ill. 51 *M. pekkolai* du Soudan, photo S. Norris

Le complexe d'espèces *Microctenopoma nanum*

Ill. 52 Gabon *M.nanum.* ©D.Armitage

L'espèce la plus répandue de poissons de brousse constructeurs de nid est le petit *Microctenopoma nanum* (7 cm), d'ailleurs lui-même davantage qu'une espèce, plutôt un groupe de formes et d'espèces répandues depuis le Cameroun et le Congo (*M. milleri, M. uelense, M. nigricans, M. ocellifer*) jusque très loin vers le Sud, dans la province sud-africaine du Natal où les poissons sont connus sous la désignation *Microctenoma intermedium*.

En 1990 j'ai voyagé sur les traces de l'exploratrice victorienne Mary Kingsley, qui découvrit *M. nanum* (et aussi *C. kingsleyae* qui porte son nom[15]). En 16 jours de collecte frénétique nous avons parcouru 3500 km et prospecté 30 sites, dont 17 nous ont livré au total 47 *M. nanum* (pH allant de 4,8 à 6,6 selon les endroits). Les poissons se tenaient habituellement de façon isolée dans la végétation des berges, au milieu des racines ou dans des trous. L'Afrique étant largement située entre les tropiques et autour de l'équateur, on imagine souvent que ses eaux sont très chaudes, cependant, les cours d'eau que nous avons visité sont souvent très ombragés et l'eau ne dépassait généralement pas 22°.

Ill. 53 Sur les traces de Mary Kingsley. Photo D. Armitage.

ill. 54 Photo D. Armitage

Quelques habitats sont particulièrement mémorables. Lors d'une boucle par la route entre Ndende, Lebamba, Mbigou et Mimongo, nous avons d'abord traversé une savane humide avec ses termitières en forme de champignon caractéristiques et au bout d'un long moment nous sommes tombés sur nos premiers *M. nanum* dans l'herbe au bord d'un ruisseau dans une petite forêt de bambous, avec des mormyridae à nez court, des barbus, des killies et des poissons chats. Nous avons pu observer les dames du coin qui pêchait avec un panier qu'elle passait dans l'herbe près de la berge comme nous nos filets (ill. 53).

Plus loin vers Lambarene, sur le bord de l'Ogoue, survolés par des échassiers exotiques comme l'échasse blanche (*Himantopus himantopus*), nous avons capturé un *M. nanum* très orangé (ill. 54) et un jeune poisson chat électrique dans la crique d'un ruisseau qui rentrait dans la forêt (ill. 55)

ill. 55 photo B. Brown

ill. 56 Photo D. Armitage

M. milleri (Norris & Douglas, 1971) a été trouvé 175 km au sud-ouest de Kinshasa sur la route de Matadi. Il fait partie des formes avec peu de rayons durs et son corps est marbré.

ill. 57 *M. milleri* ©J.-M. VanDyck

ill. 58 *M. milleri* ©AMNH

M. lineatum (Nichols, 1923) est connu de la rivière Gribingui dans le bassin du lac Tchad et de deux localités du nord du Zaïre central. Il possède deux bandes marquées qui courent de l'opercule à la queue.

ill. 59 *M. lineatum* © J.-M. Van Dyck

M. uelense (Norris, 1995) a sa localité type dans l'Uele, nord-est du Zaïre. Il possède des barres en chevron sur les flancs.

ill. *60 M. uelense* ©J.-M. VanDyck MRAC

M. nigricans (Norris, 1995) a été trouvé dans la Lubi, un affluent de la Sankuru qui se jette elle-même dans la Kasaï, et se distingue par sa robe de frai noire.

ill. 61 photo AMNH

ill. 62 *M. nigricans* ©J.-M. Van Dyck MRAC

M. ocellifer (Nichols, 1923) vient du cours supérieur de la Lualaba. Ila une robe nuptiale noire comme celle de *M. nigricans* et s'en distingue par davantage de rayons durs à la nageoire anale et un corps plus haut.

ill. *63 M. ocellifer* Photo MRAC

ill. *64 M. nanum* de la rivière Kotta. © R. Bills

ill. 65 au bord de la Kotto près de Mingala. ©R.Bills

ill. 66 *M. nanum* de Lobaye ©R.Bills

ill. 67 Un affluent de la Lobaye ©R.Bill

Ci-dessous, ill. 68 et 69 (Juergen Schmidt, Weisswasser) : deux formes non décrites

L'énigme de *Ctenopoma multifasciatum*, par Frank Schaefer

L'espèce a été décrite par Thominot en 1886[16] à partir de poisons de la rivière San Benito, au Gabon, en même temps que *C. maculatum*, sous la désignation *Ctenopoma multifasciata*. Le nom a été corrigé en « multifasciatum » parce que « ctenopoma » est neutre. Le bocal dans lequel le type est censé être conservé au Museum d'Histoire Naturelle de Paris contient aujourd'hui des specimen de C. maculatum. Alors que le la description de *Ctenopoma multifasciatum* rédigée par Thominot dit clairement que c'est une espèce différente, il a été considéré comme un synonyme de *C. maculatum*. Il se trouve que je suis tombé par hasard sur un bocal de microctenopomas au Museum d'Histoire Naturelle de Vienne (Autriche), dont l'étiquette mentionnait qu'il s'agissait des types de *C. multifasciatum* prêtés à Steindachner par le Museum de Paris et jamais retournés, et aussi qu'ils étaient identiques à *M. nanum* (*Anabas nanus* à cette époque). J'ai l'intention d'écrire un article scientifique sur cette trouvaille. Il reste des points à éclaircir (Thominot mentionne une longueur de 11 et 11,5 cm pour les specimens types, soit nettement plus que les microctenopomas de Vienne), néanmoins, il est probable que l'espèce décrite comme *M. multifasciatum* soit un poisson du groupe *microctenopoma*, l'alternative étant qu'il s'agisse d'une espèce du groupe des poissons de brousse élancés.

Le poisson à la désignation provisoire *Microctenopoma sp. Ntem* (ill. 70 ci-dessous, photo F. Schaefer) est un bon candidat pour M. multifasciatum. La rivière Ntem, aussi Rio Campo, prend sa source au Gabon, fait la frontière avec le Cameroun et débouche dans l'Atlantique au Cameroun dans le golfe du Biafra / Bight of Bonny.

Microctenopoma intermedium

ill. 71 ©J.Cambray

Jim Cambray a décrit l'habitat de l'espèce dans les marais de l'Okavango au Bostwana (ill. 72 et 73 ci-dessous, photos J. Cambray) où il l'a trouvée dans les zones d'inondation, loin du cours principal, en se déplaçant en canoë dans les papyrus. En suivant les sentiers des hippopotames et en prenant garde aux crocodiles, il a capturé *M. intermedium* dans une eau peu profonde avec de la végétation (température 25°, pH 7,6, conductivité 12,7 µS)

D'après Rogers Bills le gros de la population se trouve sur le Haut Zambèze et dans ses affluents principaux mais il existe aussi de petites populations isolées dans le Mozambique plus bas sur le fleuve, probablement aussi autour du cours inférieur des rivières Pungwe et Buzi, et même plus au sud dans le nord de la province du KwaZulu-Natal en république sudafricaine.

ill. 74 *M. intermedium* mâle, photo R. Bills

ill. 75 *M. intermedium*, femelle, ©D.Tweddle

ill. 76 Mozambique: 22.3-23.4°, 727 mg/ 1, 1,01 TDS © R.Bills

Deux autres membres du complexe *M. nanum* des savanes ont été trouvés en Angola : *M.steveboyesi* de la région des sources de la Cuanza, du Cuito-Okavango et du Zambèze et *Microctenopoma stevenorrisi* depuis les sources de la Cuango et dans la Cuilo-Casai, du bassin du Congo.

ill. 77 Photo P. Skelton

M. steveboysi arbore un motif de mailles brunes plus ou moins foncées à noires sur un fond doré, des taches sur la tête et les flancs qui forment 8 à 10 barres irrégulières. Les mâles sont d'un noir intense avec des traits bleus sur les nageoires dorsales et anales. Ils habitent la végétation dense des marais tourbeux des hautes terres et tendent à être nocturnes.

ill. 78

M. stevenorrisi (ill. 78 ci-dessus) diffère de *M. steveboyesi* et de *M. intermedium* par la longueur des nageoires pelviennes du pédoncule caudal. On ne sait pas quelles sont ses couleurs à l'état vivant, les poissons conservés sont brunâtres avec des bandes longitudinales, ou marbrés. Les nageoires sont sombres et il y a un point plus ou moins visible à la base de la caudale.

Microctenopoma damasi

Ill. 79 M. damasi, Photo K. Webb

ill. 80, photo DMA

Le petit (7 cm) *M. damasi* est une espèce très locale des environs du Lac Edward en Ouganda. Ian Sainthouse, le spécialiste des *Nothobranchius*, a ramené ma souche de *M. damasi* en 1990 à partir du chenal de Kazinga, un cours d'eau qui court entre ce lac et le lac George à la frontière de l'Ouganda et de la République Démocratique du Congo. Il les a capturés dans un marais à papyrus près du village de Katungara sur la route de Mweye Safari Lodge, à proximité d'un pont routier sur le chenal. Il y avait très peu d'eau libre apparente mais le matelas de racines et de végétation en décomposition avait été piétiné pour créer une zone où pêcher.

Microctenopoma ansorgii

ill. 82 *M.ansorgii*.Katanga paradant © F.Schaefer

Microctenopoma ansorgii passe chez les aquariophiles pour la plus belle espèce du genre. On le trouve notoirement dans les forêts primaires du Congo et du Zaïre mais il a également été collecté dans le sud du Cameroun. Ce poisson orange à la robe attractive qui mesure environ 8 cm est présent de façon sporadique sur des sites dispersés, et jamais en grand nombre, certainement parce que la grande forêt d'Afrique centrale s'est étendue et contractée au fil du temps, fragmentant en isolats l'habitat des espèces forestières spécialisés.

J'ai pour ma part rencontré cette espèce pour la première fois à Madagascar près de la réserve naturelle de Perinet, célèbre pour les chorales nocturnes du lémurien *Indri indri*. Un après-midi j'ai tenté ma chance dans la rivière à l'entrée de l'hôtel, qui me semblait prometteuse (eau claire, ph 6,5). Cette rivière de moyenne altitude court entre les réserves de Perinet et de Mantadia. J'ai passé mon filet dans la végétation des berges et au fond j'ai trouvé un poisson qui me disait quelque chose.

ill. 83 *M. ansorgii* de Madagascar. Photo DMA

C'est un exemple du problème de la faune d'eau douce de Madagascar où les espèces locales sont rapidement refoulées par des poissons invasifs. Trouver ce poisson en cet endroit n'était pas complètement une surprise parce que Patrick de Rham l'avait déjà observé dans les Hautes Terres près de Tana où il avait été signalé en 1990. On peut toujours spéculer sur la façon dont une espèce forestière spécialisée d'Afrique centrale présente seulement dans de petites enclaves du Cameroun, du Congo et peut-être du Gabon s'est retrouvée et établie à Madagascar. Peut-être qu'elle est arrivée du Congo avec des tilapias destinés à l'alimentation.

ill. 84 Habitat de *M. ansorgii* près d'Andasibe (Madagascar) ©DMA

ill. 85 Jeunes mâles paradant.© O.Buisson

ill. 87 Mâle en robe habituelle. © O.Buisson

Le poisson sur la photo ci-dessous (ill. 88, photo M. Jirku) présente une coloration semblable à celle de *M. ansorgii* mais il n'est pas si élancé, il a une forme plus arrondie, un pédoncule caudal marqué, , un motif de barres différent, et le compte d'écailles le long de la ligne latérale n'y est pas : il appartient au complexe *M. nanum*. On voit qu'il y a beaucoup d'espèces mal ou non définie chez les microctenopomas et la situation politique et économique présente dans les régions d'origine fait que la solution de ces questions n'est pas pour demain.

Ill. 88 Poisson capturé au barrage de pêche de Bayaka à Dzhanga-Sangha.

ill. 86 pêcherie à Dzangha-Sangha, photo M. Jirku

Le comportement reproducteur des microctenopomas

Les microctenopomas commencent leur reproduction par la construction d'un nid de bulle en forme de dôme (habilement dissimulé sous une feuille dans le cas de *M. ansorgii*). Puis le mâle parade devant la femelle en déployant ses nageoires. Si celle-ci est prête elle le suit jusqu'au nid et ils nagent en cercle en dessous du nid. La femelle mord la nageoire caudale du mâle. Finalement ils remontent en dessous du nid et l'enlacement a lieu. A la différence des anabantidae asiatiques la femelle n'est pas retournée et reste tête en haut sous le nid. Il y a des simulacres d'accouplements brefs d'une à six secondes jusqu'à la véritable ponte et fécondation, qui dure plus longtemps, de 30 secondes à une minute.

[NdT Après environ 48 h, les alevins éclosent, puis après quelques jours, ils ont résorbé leur vésicule vitelline et ils nagent près de la surface. Ils mesurent moins de 2 mm et sont incapables de dévorer des nauplies d'artémias, mais trouvent des proies parmi les plantes. Après une semaine, on commence à distribuer des nauplies avec parcimonie. Le ventre orange des alevins témoigne de leur capacité à consumer ces proies. Les jeunes atteignent une taille d'environ 2 cm après 3 mois].

J'ai observé la ponte de toutes ces espèces pendant l'après-midi mais j'ai eu des jeunes de *M. ansorgii* pendant un bon moment avant de pouvoir voir l'enlacement, tard dans la nuit. On compte de 200 à 1000 œufs selon les espèces, cependant, il est rare de parvenir à élever la totalité des jeunes.

[NdT : chez *M. fasciolatum*, le nid peut être réduit à sa plus simple expression, une petite nappe de bulle peu évidente. L'espèce n'aime pas les fortes températures, du moins pas de façon constante, une température de 25° l'été peut être supportée un moment, mais l'optimum semble se situer vers 22° et la ponte est généralement déclenchée par un apport d'eau fraîche et une chute de température. J'ai observé des reproductions en dessous de 20° et j'en ai obtenu presque tous les ans au printemps en donnant à mes poissons un cycle de température annuel hiver/été entre 20 et 24°. Mes *M. fasciolatum* acceptent volontiers la nourriture sèche en granulés, toujours refusée par *M. ansorgii* selon mon expérience. Pour les deux espèces il est avantageux d'avoir au fond du bac des feuilles de hêtre et de *catappa* car l'eau ambrée semble donner aux poissons un sentiment de sécurité, particulièrement pour *M. ansorgii* et je suppose qu'elles fournissent abri et, sous forme de microfaune, de la nourriture aux alevins qui s'éclipsent un long moment au début de leur croissance. Je pense aussi, sans avoir de référence dans la littérature scientifique, que la présence de *M. fasciolatum* adultes bloque la croissance des jeunes qui ne se développent vraiment que lorsque que la place du couple dominant se libère, ou lorsqu'on les enlève du bac parental, ce qui pourrait correspondre à la situation dans des trous d'eau avant une dispersion au moment des pluies ... Enfin, autre hypothèse personnelle, ces espèces semblent particulièrement redouter une prédation venue d'en faut, peut-être par des martins pêcheurs, recherchent le couvert et sont donc sensibles à la hauteur d'eau disponible. 30 cm me semble un minimum. En dehors du phénomène d'inhibition de la croissance des subadultes évoqué plus haut, et de la réduction des chances de survie des alevins en élevage « extensif » *M. fasciolatum* peut sans problème être tenu en groupe dans des bacs assez restreints. C'est nettement moins le cas pour *M. ansorgii,* qui est nettement plus furtif et chez qui les relations entre mâles sont plus rugueuses. Les rivaux ne s'entretuent pas directement mais les individus persécutés ont vite les nageoires déchirées et du mal à sortir de leur cachette, même pour se nourrir. Je préconise donc pour cette espèce une maintenance par couple ou en trio, à raison de deux femelles pour un mâle. Chez ces deux espèces les femelles semblent plus rares que les mâles et les mâles dominés peuvent longtemps passer pour des femelles. La forme plus effilée de la dorsale est le meilleur indice d'identification des mâles]

Ill. 89, 90, 91, 92 ci-dessous, la séquence de ponte de *M. damasi*. Photos Olivier Buisson.

Séquence de ponte de *M. fasciolatum* (ill. 93,94, 95 photos K. Webb)

Enlacement nuptial de *M. ansorgii*, ill. 96, 97. Ill. 98 : accouplement de deux femelles avec le même mâle.

Les espèces du genre *Sandelia* : des poissons à labyrinthe endémiques de la région du Cap par D. Armitage and J. Cambray

Sandelia capensis (Cuvier, 1829)

La région du Cap à l'extrémité méridionale du continent est renommée pour sa faune et sa flore endémique. Ce qui inclut aussi des poissons, parmi lesquels deux des anabantidae les moins connus, les espèces du genre *Sandelia* (Castelnau, 1861), dont le nom vient d'un ancien roi du rameau Gaika du peuple Xhosa.

La principale différence entre *Ctenopoma* et *Sandelia* est que ces derniers possèdent un organe labyrinthique très réduit, le plus simple de toutes les espèces de poissons à labyrinthe. Peut-être parce que sa fonction respiratoire auxiliaire est superflue dans leur habitat. Ils ont aussi une vessie natatoire prolongée par rapport aux espèces des autres genres, peut-être pour compenser la perte de flottabilité qui en résulte. Leur sous-opercule[17] est lisse et n'a que deux épines alors que les ctenopomas en possèdent davantage et les écailles des sandelias sont cténoïdes au lieu d'être cycloïdes.

Sandelia capensis est connu sous le nom vernaculaire de Cape Kurper (Kurper du Cap). Jim Cambray est d'avis qu'« anabantidé masqué du Cap » serait plus approprié en raison des marques faciales arborées par cette espèce et parce que « kurper » désigne en Afrique du Sud des espèces de cichlidés. On le rencontre depuis les parages sud de la rivière Olifants, au nord de la ville du Cap jusqu'à Port Elizabeth », dans le bassin hydrographique côtier du Cap. Le plus grand specimen connu mesurait 215 mm mais ils commencent à se reproduire à une taille de 52 mm.

Ill. 100 S. capensis adulte, photo J. Cambray

Il existe deux lignages génétiques distincts et isolés, un sur la côte Ouest et l'autre sur la côte Sud, probablement séparés depuis deux à quatre millions d'années. Ce niveau de divergence intraspécifique entre deux groupes phylogénétiques est l'un des plus importants attestés chez des poissons d'eau douce et du niveau d'un écart entre deux espèces de plein droit. Deux populations génétiquement très particulières des Heuningnes et de Diep[18] sont par ailleurs connues et très menacées, et devrait faire l'objet de mesures de conservation prioritaires.

S. capensis trouve sa pitance sur les bords des rivières et des lacs et bien qu'il consomme surtout des insectes aquatiques. Il peut se montrer un prédateur vorace et avaler de la végétation ou des débris. Malheureusement il est lui-même consommé par des poissons invasifs introduits comme le black bass (*micropterus* spp.).

Dans le lac Hoop l'espèce se reproduit à deux moments saisonniers, au milieu du printemps et au milieu de l'été, quand la température atteint et dépasse 20,5°. Le mâle ne procède pas au nettoyage d'une zone de frai avec son corps comme il a été observé pour l'espèce du Eastern Cap Rocky. Cependant, les mâles des deux espèces inspectent l'aire de ponte, tête en bas, et de temps en temps ils prennent un gravier et le recrache. Ils écartent les autres poissons, également les femelles. Si un autre mâle approche il y a parade, avec les opercules branchiaux déployés et une intensification des couleurs du masque et du corps qui devient presque d'un noir profond. Pour peu que l'autre mâle ne s'éloigne pas, les deux poisons se placent côte à côte, tête bêche, et effectuent des mouvements latéraux en gonflant leur gorge. C'est toujours le plus grand qui l'emporte.

Ill. 101, 102, 103. *S. capensis*, photos J. Cambray

Le frai commence ainsi : la femelle se rapproche lentement de l'aire de ponte et le mâle prend place à sa suite. Quand la femelle vient toucher le substrat elle s'incline un peu sur le côté et devient rigide, nageoires écartées, et se met à vibrer. C'est l'émission des œufs. Le mâle vient nager au-dessus de la zone et le cas échéant fertilise les, œufs, mais, il n'y a pas d'enlacement. La scène se répète plusieurs fois et quand la ponte est terminée le mâle surveille l'aire de ponte jusqu'à l'éclosion des larves.

S. capensis a été reproduit en Grande Bretagne sur plusieurs générations. Il s'accommode d'une eau de pluie douce et acide (pH5) mais vivrait encore mieux dans un mélange à parts égales d'eau de conduite plutôt dure et d'eau de pluie. La principale difficulté de sa maintenance en captivité vient de l'agressivité des mâles. Ceux-ci tendant à acculer la femelle dans un coin de l'aquarium et à cogner de la tête jusqu'à ce qu'à la tuer en lui causant des blessures internes. Le mieux à faire est de leur offrir beaucoup de place ou de tenir les poissons séparément en ne les réunissant que pour la reproduction. On a même vu pondre un couple séparé par une cloison perforée d'orifices. Il arrive que les œufs soient dispersés et se collent sur des « mops », sur des plantes et même sur la paroi du bac.

L'habitat de *Sandelia capensis* dans la Wit River
Cet habitat des hautes terres typique se trouve dans la réserve naturelle de Baaviaanskloof[19] près de Port Elizabeth. L'eau claire coule sur un lit de gravier de quartz parsemé de blocs sous lesquels se cache notre poisson. Il partage les lieux avec le cyprinidé *Pseudobarbus afer*, une autre espèce endémique.

Sandelia bainsii (Castelnau, 1861) l'« Eastern Cape rocky »

ill. 104 *S. bainsii* mâle de la Buffalo River. Photo DMA

ill. 105 Juvénile de la Kowie Rive. Photo DMA

La seconde espèce est *Sandelia bainsii,* nommée ainsi par Castelnau en hommage au géologue sud-africain Andrew Geddes Bain (1797-1864)[20] et connue localement sous le nom d'« Eastern Cape Rocky ». Le poisson est plus sombre que l'autre espèce, il a des écailles plus petites et une tête plus pointue. La queue des adultes est dentelée. Une ligne part du coin de l'œil et les adultes ont un reflet verdâtre ou jaunâtre. Ils peuvent atteindre 32,5 cm, une taille notable pour un anabantidae.

L'aire de répartition est extrêmement restreinte. On ne le trouve qu'entre la Kowie River et la Nahoon River, grossièrement entre Grahamstown et East London, d'où un grand danger d'extinction sous la pression des espèces invasives introduites pour la pêche sportive et les dégradations anthropiques de son environnement. Ils ne sont abondants que sur le cours moyen et supérieurs des rivières qu'ils habitent et se tiennent le plus souvent sous les barres et les barrages dans une eau claire, ce qui indique leur préférence pour des eaux claires, sans particules en suspension. La température de l'eau peut descendre jusqu'à 10° et monter un peu au-dessus de 20°. Leur alimentation est surtout composée de larves d'insectes et de poissons.

La reproduction de *S. bainsii*

Les *S. bainsii* mâles de la Kowie river ont une coloration particulière en période de frai. Ils deviennent d'un noir intense avec une barre claire au bout de la nageoire caudale et des marques claires au début des nageoires dorsales et anales. Ils présentent également une zone foncée (organe de contact) derrière les yeux où se trouvent de minuscules écailles épineuses qui servent à maintenir la femelle pendant l'enlacement.

ill. 106. *S. bainsii* mâle, Kowie River © J. Cambray

Le mâle prépare une zone de ponte en débarrassant le fond par des balayages de tout le corps. Il invite les femelles à l'y rejoindre et éloigne les autres mâles. Il peut prendre toute la tête de la femelle dans sa gueule et la secouer. Celle-ci reste assez passive, juste au-dessus du mâle, la tête un peu en bas, une position qu'elle maintient quand elle se décide à aller sur la zone de ponte.

Quand les deux poissons sont correctement alignés le mâle enlace la femelle de son corps en formant un U. Il l'accroche alors au ventre grâce à son organe de contact, presse sur son ventre d'un rapide mouvement de la tête, l'émission des œufs et de la laitance se déclenche. La femelle est maintenue en position plus ou moins verticale et non retournée comme chez d'autres poissons de cette famille, probablement parce que les œufs ont une flottabilité négative et tombe sur le substrat, sur le nid de cailloux.

Ill. 107, 108 , 109 La séquence de ponte de *S. bainsii*, photos J. Cambray

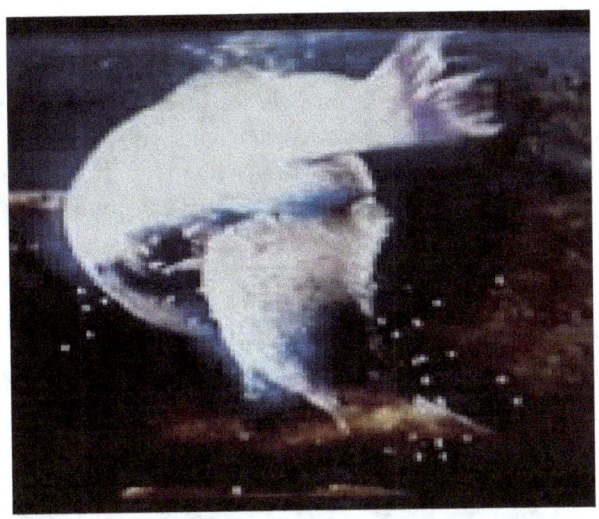

Après un épisode reproduction la femelle s'éloigne de l'aire de ponte avant d'y retourner plus tard attendre le mâle pour d'autres pontes. Le nombre d'œufs émis pendant un seul enlacement (visibles sur ill. 109) peut aller de quelque-uns à quelques centaines. A l'issue du dernier enlacement le mâle garde agressivement l'aire de ponte. Les œufs étaient jaune clair, adhésifs, démersaux, d'un diamètre de 1,3 mm avec une seule goutte huileuse.

Etat et statut actuel des populations de *Sandelia bainsii*
Si on examine la succession des rivières une à une, le constat est inquiétant :

La Kowie River, localité type de l'espèce, ne compte plus que peu de poissons à cause des poissons et des plantes invasives. (*Azolla filiculoides*, désormais sous contrôle biologique), et des captations d'eau excessives. Cette population est en danger critique et sous la menace supplémentaire de la progression du poisson chat *Clarias gariepenus* dans la rivière. La population de la Fish River ne va pas mieux en raison de l'invasion du poisson chat africain à partir d'un transfert d'eau interbassin depuis le bassin de l'Orange River. Dans la Keiskamma les barrages et les poissons chats invasifs sont les deux principaux facteurs de la raréfaction de notre poisson. L'Igoda River et la Gulu river semblent jusqu'ici indemnes d'envahisseurs. Ces deux dernières rivières contiennent des populations réduites mais en bon état et constituent probablement le meilleur espoir de conservation à long terme. La situation est encore satisfaisante dans la Buffalo River mais le Département des affaires hydrauliques continue de procéder à des raccordements entre bassins qui amènent le poisson chat. La population de la rivière Nahon est presque éteinte sous la pression des perches black bass importées. Lors de notre dernière collecte nous n'avons trouvé qu'un seul specimen dans ce bassin.

Réserves

L'*Algoa Regional Services Council* a érigé un petit territoire en réserve naturelle pour protéger l'Eastern Cape Rocky, la *Blaauwkrantz Nature Reserve*

(ill. 110, photo DMA).

Située sur la rivière Blaauwkrantz (Blookrans), un affluent du système de la Kowie, la réserve est sous la gestion de la municipalité de Makana et son avenir est incertain. Par chance le coin n'a pas grand intérêt agricole et il est utilisé par des guérisseurs traditionnels. Ce fut la première réserve spécifiquement mise en place pour protéger l'un des anabantidae. Depuis, la fougère *invasive Azolla filiculoides* a été introduite dans le système hydrographique de la Kowie. Les sandelias ont connu des périodes avec des rivières qui n'avaient plus ou peu de courants et des sécheresses. Tout ceci, plus l'arrivée d'engrais dans l'eau, favorise la croissance de la fougère. Les principaux bassins / cuvettes refuges ont été complètement recouvert par un matelas dense de fougères qui empêchait l'arrivée de la lumière et rompait la chaîne alimentaire, sur lequel oiseaux, crabes et varans pouvaient se déplacer. Il ne reste qu'à éradiquer les fougères, un travail manuel long, accompli notamment par des volontaires bénévoles, qui demanderait des financements pour le transport et l'équipement.

Le bassin / cuvette de Blaauwkrantz était nettoyé de toute fougère *Azolla* en novembre 1991. Après les pluies, il y avait encore une population reproductrice de notre Eastern Rocky dans la réserve de Blaauwkrans. Mais tout ne va pas bien. Pendant les durs travaux d'enlèvement des fougères par les bénévoles le week-end, au cours desquels on retira jusqu'à 5 tonnes de fougère aquatique du bassin principal, on s'aperçut que les jeunes poissons s'échouaient sur le matelas végétal quand ils sautaient hors de l'eau pour capturer une proie ou éviter un prédateur. UN agent de lutte biologique intégrée contrôle désormais la prolifération des fougères mais le black bass s'est introduit dans ces eaux !

Le Grey Reservoir est situé aux portes de Grahamstown, au-dessus du foyer de pollution. Il a été retenu comme second territoire de protection de l'Eastern Cape rocky. Les riverains n'en continuent pas moins d'empoissonner illégalement avec des black bass et des poissons chats africains. Mais le projet bénéficie du soutien de l'administration locale.

Une nouvelle réserve potentielle a été localisée en novembre 1995 sur un terrain agricole propriété de Wendal Muir. Alan Stephenson, un agent du service de protection de l'environnement, a signalé plusieurs petits réservoirs relativement protégés par leur situation en amont, au-dessus de Blaauwkrans. La rivière qui coule dans cet endroit n'a pas de nom sur les cartes, le site lui-même est connu sous le nom de Pigot's Park, et l'eau est de très bonne qualité. Les bassins sont bien établis et peuplés par des plantes flottantes indigènes du genre *Nymphoïdes indica* sur les bords et une algue verte de la famille des *Characea*, *Nitella knightiae* vers le milieu. Le réservoir abrite également une belle population de barbus *Barbus anoplus*, qui fait partie des proies de *S. bainsii*. La dernière vingtaine de *S. bainsii* élevée à l'Albany Museum ont été remis en liberté là. Ces jeunes d'un an auront de bonnes chances de survie et les proies ne manqueront pas parce que les petits poissons viennent de frayer. Ils vont juste devoir se fouler un peu plus pour manger qu'au laboratoire de recherche.

Les pluies assez nombreuses de l'été 2021 permettent de redonner un peu d'air aux deux espèces de Sandelia après plusieurs années de sécheresse sévère"

Des recherches génétiques récentes[21] ont montré que deux lignages génétiques étaient présents dans les zones protégées : l'une dans la Fish River, Kowie River incluse, l'autre dans le système de la Buffalo River. De même, *Sandelia capensis* pourrait peut-être à l'avenir être séparée en plusieurs espèces en raison de sa diversité génétique[22].

Ill. 111 Mâle de l'Igoda Rive r©J.Cambray.

Ill. 112 Habitat de l'Igoda River©J.Cambray

ill. 113 Population de la Gulo river © J.Cambray

Les poissons à labyrinthe africains en captivité, par David Armitage

Installation du bac

La maintenance de ces poissons n'est pas compliquée, la reproduction un peu °plus ... L'eau n'est généralement pas un problème, tous les ctenopomas, microctenopomas et sandelias proviennent d'eaux plutôt douces avec un pH proche de la neutralité mais s'accommodent d'eau de conduite vieillie, que pour ma part je coupe avec une moitié d'eau de pluie ou d'eau déminéralisée. Mon voyage en Afrique centrale m'a montré qu'en forêt la température de l'eau dépasse rarement 22°, mais aussi qu'à des endroits ensoleillés avec peu d'eau comme les marais à papyrus où vivent *M. damasi* ou *M. intermedium*, dans les petits ruisseaux peu profonds où on trouve *C. muriei*, elle pouvait monter sensiblement. Mes poissons tolèrent entre 19 et 30°, le pic maximum étant inévitable l'été en Europe sans réfrigération. Comme indiqué plus haut, les espèces les plus sensibles à leurs conditions de maintenance sont *C. acutirostre*, *C. nebulosum* et *Sandelia spp.* Dernier point : la taille du bac. Pour les ctenopomas et les sandelias je recommande un bac d'au moins 1m de longueur, *C. muriei* se contentant de plus petit. Je trouve que les microctenopomas sont bien dans des bacs de 50 cm larges de 30 ou 40.

Avec ou sans filtre ? Si le bac n'est pas suroccupé (de 4-5 gros poissons dans un bac d'1 m ou 1-2 couples de petits dans un bac de la moitié), le filtre n'est pas nécessaire. Un changement d'eau mensuel d'environ 25% suffit. C'est avec cette méthode que j'ai eu le plus de reproductions réussies. Néanmoins, si vous entendez avoir une eau claire et une communauté de poissons, le mieux est d'utiliser un petit filtre interne (chez moi un Fluval 2) avec le séparateur pour briser le courant et pour ne pas filtrer toutes les larves.

La décoration de l'aquarium n'est pas une affaire de goût mais d'obtention d'un environnement adapté pour l'espèce maintenue, c'est-à-dire offrant beaucoup de refuges pour les femelles et les poissons malmenés, des endroits propices à la construction de nids ou à la recherche de nourriture par les jeunes. J'utilise des pots de fleur de tailles variées pour garnir les coins du bac, des noix de coco renversées, des bois flottés, des tourbières font aussi l'affaire. Faut-il ou non un substrat pour que les plantes s'accrochent ? Selon les cas, on peut utiliser un sol en gravier qui a l'intérêt de faire tampon aux chutes de pH, mais cela complique l'entretien en empêchant de siphonner correctement le fond, aussi la plupart de mes bacs ont il un fond nu, d'où une eau très acide (ph 5 en général), ce qui limite les espèces de plantes cultivées.

Mes bacs sont envahis de fougère de Java et d'*Anubias* à un tel point qu'on ne voit pas toujours les poissons. Idéalement, la surface est couverte de *Ceratopteris* qui tamise la lumière et fait que les poissons se sentent en sécurité tout en fournissant un endroit où les jeunes peuvent se nourrir. Quand le bac a du gravier, des bosquets denses de vallisnerias et d'échinodorus. C'est ainsi que j'ai pu me permettre de garder dans un bac de 60 cm 4 *C. weeksii* et 4 *C. acutirostre* depuis assez jeunes jusqu'à la taille adulte.

Pour ce qui est de la nourriture l'alimentation de la nourriture sèche en flocons ou granulés selon la taille le matin quand je suis à la bourre pour aller au boulot et des vers de vase congelés le soir quand j'ai du temps. Mes *M. ansorgii* et *M. damasi* n'acceptent pas les flocons mais leurs jeunes les mangent, cela vaut le coup de persévérer, il y a peu d'aliments mieux composés. Bien sûr, toutes les nourritures comme les larves de moustique et les daphnies, ou les lombrics pour les plus gros poissons sont appréciées sans être absolument indispensable, même pour mettre les poissons en condition de ponte.

[NdT : très peu d'aquariophiles ont rendu compte de leur expérience avec *C. ocellatum*. On peut supposer qu'il ressemble à *C. acutirostre*. Cette dernière espèce est sensiblement plus délicate que les poissons des autres groupes. Il faut lui donner une eau propre, mais pas excessivement brassée, chaude (25°), plutôt douce et acide, ambrée, et un bac bien structuré par des grosses racines, plutôt profond pour laisser les plantes de surface proliférer et ombrager le milieu. Dans ces conditions, plusieurs poissons peuvent cohabiter sans problème dans un bac d'environ 200 l. Les jeunes poissons sont difficiles quant à leur alimentation et il peut être nécessaire de les nourrir de petits poissons vivants au début. Les adultes acceptaient les manteaux de moule décongelés, les vers de terre. La viande fraîche serait sans doute prise mais elle est déconseillée car peu digeste. Il faut éviter de les capturer à l'épuisettes car les « griffes » sur le côté des yeux et des opercules se prennent dans le filet et il est difficile de libérer le poisson sans le blesser aux opercules. Enfin, il vaut mieux consacrer aux grands ctenopomas un bac spécifique pour leur épargner la concurrence alimentaire d'espèces moins timides comme les cichlidés africains, ou le risque d'ingérer un poisson plus petit, mais pourvu de redoutables épines, comme la plupart des poissons chats. Il est probable que *C. acutirostre* ponde plus souvent qu'on ne pense en aquarium et que cela passe inaperçu parce que les accouplements ont lieu la nuit et que les œufs et le frai sont minuscules et vite détruits. Un léger courant vers un second compartiment séparé par deux vitres en V avec une ouverture de 2 ou 3 mm à la pointe du V permettrait de recueillir et de protéger les, œufs, à condition qu'ils ne soient pas avalés par le filtre ...]

Méthodes pour la reproduction

Première condition : disposer d'un couple de poissons. Déterminer le sexe des poissons à labyrinthes africains n'est pas toujours évident. Les plus évidents à reconnaître sont les mâles adultes des espèces du genre *Microctenopoma* avec leur nageoire dorsale allongée et leurs couleurs de parade, cependant cela ne marche pas pour les juvéniles ou pour des poissons terrifiés dans un bac de vente. L'aspect plus long des nageoires pelviennes des mâles peut aider.   Les ctenopomas ne se font pas la cour et ne changent pas de couleurs, distinguer les sexes n'est aisé. En général les femelles sont plus grandes et plus grosses que les mâles, le point de reconnaissance le plus évident est la présence ou l'absence de « l'organe de contact », ce ou ces « peignes » de griffes minuscules situés derrière l'œil (en plus à la base de la queue chez certaines espèces) qui permettent au mâle d'agripper la femelle lors de leur brève étreinte, parfois plus visibles dans un croissant pâle, et qu'on sent au toucher.

Ci-dessous, ill. 114, 115. En haut, *C. acutirostre* femelle, le peigne d'épines est minuscule, presque indétectable à l'œil nu. En dessous, mâle avec une zone épineuse visible. La flèche montre l'endroit et la direction où passer ses doigts pour les sentir.)

Sandelia bainsii et *S.capensis* ont des couleurs nuptiales et ce dernier a un organe de contact comme les ctenopomas, pas le premier qui n'enlace pas, mais le mâle devient très sombre pendant la période de reproduction.

Ill. Couple de *S. capensis*, à gauche le mâle, à droite la femelle. La forme de la tête des deux sexes est assez différente pour les distinguer. ©H.Hensel/J.Schmidt.

Foto: H. Hensel/J. Schmidt - Weißwasser

Avec des poissons en bonne condition la ponte intervient après un changement d'eau, le plus souvent au printemps ou en automne. Comme évoqué ci-dessus dans les passages consacrés à la description des espèces, chez les ctenopomas, deux mâles poursuivant une femelle tard la nuit avec l'extinction des feux, si vous avez de la chance un épisode de jeun le matin parce qu'à ce moment là ils sont déjà gavés de leurs œufs sont des signes qui peuvent vous alerter. Si possible on retire les adultes et on laisse les œufs dans le bac. Pour *C. gabonense* qui est si prolifique, je ne me donne pas la peine de retirer les parents et le frai grandit dans le bac, ou pas. C'est ma façon de maintenir et reproduire les poissons à labyrinthe d'Afrique. Il reste beaucoup à apprendre, notamment pour maîtriser la reproduction des ctenopomas et en savoir plus sur une espèce aussi rarement vue que *C. nebulosum*. Assez pour m'occuper pendant 25 ans de plus !

BIBLIOGRAPHIE, RESSSOURCES & NOTES

ANABANTOID ASSOCIATION OF GREAT BRITAIN

http://aagb.org/

http://www.facebook.com/AnabantoidAssociationOfGreatBritain

INTERNATIONALE GEMEINSCHAFT FUER LABYRINTHFISCHE

http://joomla.igl-home.de/

AK LABYRINTHFISCHE IM VDA / EUROPEAN ANABANTOID CLUB

http://www.aklabyrinthfische-eac.eu/

COMMUNAUTÉ INTERNATIONALE POUR LES LABYRINTHIDES

http://www.cil-ibsc.fr/

AMERICAN LABYRINTH FISH ASSOCIATION (ALFA)

www.anabantoid.org

AMERICAN MUSEUM OF NATURAL HISTORY. THE CONGO PROJECT

http://research.amnh.org/vz/ichthyology/congo/active.html

---

[1] MORRIS, Kenneth S. (1995) : *Microctenopoma uelense* and *M. nigricans*, a new genus and two new species of anabantid fishes from Africa in : *Ichthyological Exploration of Freshwaters* 6(4) pp.357–376.

[2] Suite de plusieurs articles publiés en allemand allemande dans *Aquaristik Fachmagazin* n°192 à 194 en 2006 et 2007 sous le titre *Buschfische : Die Labyrinthfische Afrikas* par David Armitage, Steven Norris et Jim Camray.

[3] La systématique du genre *Anabas* n'est pas complètement éclaircie. Longtemps considéré comme monospécifiques (*Anabas testudineus*, Bloch, 1792), il admet désormais une autre espèce, *Anabas cobojius* (Hamilton, 1822).

[4] *Ctenopoma ashbysmithi* (Banister & R. G. Bailey, 1979). Description originale : BANISTER, K.E. and BAILEY, R.G. , 1979. Fishes collected by the Zaïre River Expedition, 1974-75. In : *Zool. J. Linn. Soc.* ,66, pp. 205-249. Fishbase considère encore fin 2021 que l'espèce est valide.

[5] NdT : La référence de l'extrait n'est pas mentionnée. Il s'agit probablement, mais sans certitude, d'une traduction d'un passage de l'article de H. Matthes « Les poissons du lac

Tumba et de la région d'Ikela. Étude systématique et écologique », in : *Annales du Musée Royal de l'Afrique Centrale* Série 8 Zoologie, vol. 126, 1964

[6] Johann Paul Arnold (1869-1952), longtemps commerçant à Hambourg, fut un pionnier de l'aquariophilie en Allemagne. Il a utilisé ses contacts avec les marins pour obtenir des poissons exotiques et il a décrit et illustré ceux-ci. Ce qui a permis de déterminer beaucoup de nouvelles espèces, dont certaines ont reçu son nom (« arnoldi »). Il est aussi l'auteur avec Ernst Ahl d'un manuel d'aquariophilie qui est longtemps resté une bible (*Die fremdländischen Süßwasserfische*, 1936) et le cofondateur de la revue aquariophile *Wochenschrift für Aquarien- und Terrarienkunde* [hebdomadaire pour l'aquariophilie et la terrariophilie (1904). Il fut, en 1909, le premier aquariophile germanophone à reproduire le guppy.

[7] STANSCH, Karl: Die exotischen Zierfische in Wort und Bild hrsg. von den Vereinigten Zierfisch-Züchtereien in Rahnsdorfer Mühle <vormals in Conradshöhe> bearb. von K. Stansch. Braunschweig, G. Wenzel & Sohn, 1914. 349 p. Version librement accessible en ligne https://www.biodiversitylibrary.org/page/12753904
https://www.biodiversitylibrary.org/page/12753925 pour la description et l'illustration de « Anabas spec ? ». Les poissons sont crédités d'une taille de 6-8 cm

[8] la notice dans son état de janvier 2022 : africanus, Anabas Vetterlein [R.] 1914:253, Fig. 4 [Wochenschrift für Aquarien- und Terrarienkunde v. 11 (13); ref. 21735] Niger. Syntypes: (several) whereabouts unknown. •Synonym of Ctenopoma argentoventer (Ahl 1922) -- (Gosse 1986:404 [ref. 6194]). •? Synonym of Ctenopoma kingsleyae Günther 1896. Current status: Synonym of Ctenopoma kingsleyae Günther 1896. Anabantidae. Habitat: freshwater.

[9] AHL, Ernst, Ichtyologische Mitteilungen in: *Zoologischer Anzeiger* Vol. 56 (n° 7/8), pp.181-185), 1923
En ligne : https://www.biodiversitylibrary.org/page/9898122

[10] PELLEGRIN, J. : Pellegrin, J. 1938. Poissons de l'Afrique équatoriale Française de Jean Thomas in : *Bulletin de la Société Zoologique de France* vol. 63, 1938, pp. 369-378. Parfois *C. breviventralis,* souvent considéré comme un synonyme pour *C. kingsleyae.*
En ligne : https://gallica.bnf.fr/ark:/12148/bpt6k58080895/f396.item

[11] Jean Thomas (1890-1932), chargé de mission au Maroc et dans toute l'Afrique Française de 1922 à 1931 pour le Muséum National d'Histoire Naturelle de Paris, correspondant de *l'Illustration* et du Ministère des Colonies. Il a ramené nombre d'articles, de photographies et de specimens, notamment des poissons déposés au Museum d'Histoire Naturelle de Paris et à celui de Toulouse (poissons du lac Tchad), et publié récits de voyage dont « À travers l'Afrique équatoriale sauvage » (Paris : Larose, 1934)

[12] NORRIS S. M. & TEUGELS Guy G.: A new species of *Ctenopoma* (Teleostei, Ananbantidae) from Southeastern Nogeria, in : *Copeia* 1990 (22) pp. 492-499

[13] RENDAHL, H., 1935. Einige neue Fische aus dem Weissen Nil, in: „*Ann. Zool. Soc. Zool.- Bot. Fenn. Vanamo* , Helsinki , vol. 2, n°2, 1935, n(2) pp. 11-18

[14] MIRONOVSKII, A.N., Morphological Characteristics of the Three Ctenopoma Species (Anabantidae) from the Nile Basin in Ethiopia in: *Journal of Ichthyology*, vol. 34, n°3, pp. 9-19 (version anglaise d'un original russe de 1993)

[15] Le Macropode lui a consacré un article : VAN BESIEN, Hugues, Mary Kingsley et son ctenopoma, in : Le Macropode, n°3, 2007

[16] THOMINOT, A. 1886. Sur deux poissons de la famille des Labyrinthiformes appartenant au genre Ctenopoma Peters in : *Bulletin de la Société philomathique de Paris* (7e série) vol. 10, pp. 158-161.

En ligne : https://www.biodiversitylibrary.org/page/31945922

[17] NdT : contrairement aux apparences extérieures l'opercule branchial des poissons n'est pas une « écaille » simple mais un système osseux complexe comme le crâne qu'il prolonge sur les côtés.

[18] ROOS, Heidi, 2005 : Genetic diversity in the anabantids Sandelia capensis and S. bainsii: A phylogeographic and phylogenetic investigation. Master of Science in the Department of Genetics Faculty of Natural & Agricultural Sciences University of Pretoria under the supervision of Prof. P. Bloomer, Dr. J.A. Cambray, N.D. Impson & Prof. C.Z. Roux. Pretoria, Unniversity of Pretoria, 2005, 115 p. En ligne http://hdl.handle.net/2263/25542

[19] NdT Cette réserve naturelle de Baviaanskloof classée World Heritage Site a l'intérêt de s'étendre sur des territoires représentant 7 des 8 types de milieux naturels reconnus en Afrique du Sud et d'abriter de nombreuses espèces, beaucoup endémiques, soit 20% des espèces africaines connues sur 0,5% de la surface du continent, dont 15 espèces de poissons. C'est une mosaïque de milieux et de conditions climatiques. En altitude la température peut descendre jusqu'à zéro. Et monter ailleurs au-dessus de 40°.

[20] CASTELNAU, F. L. (1861). Mémoire sur les poissons de l'Afrique australe. Paris. i-vii + 1-78. Paris, J.-B. Baillière et fils, 1861. En ligne : https://www.biodiversitylibrary.org/page/1722840

[21] CHAKONA, A., GOUWS, G., KADYE, W.T., MPOPETSI, P.P. & SKELTON, P.H., 2020, 'Probing hidden diversity to enhance conservation of the endangered narrow-range endemic Eastern Cape rocky, Sandelia bainsii (Castelnau 1861). Koedoe | Vol 62, No 1 | a1627 | DOI: https://doi.org/10.4102/koedoe.v62i1.1627

[22] BRONAUGH W.M., SWARTZ E. R.R, SIDLAUSKAS B.. Between an ocean and a high place: coastal drainage isolation generates endemic cryptic species in the Cape kurper Sandelia capensis (Anabantiformes: Anabantidae), Cape Region, South Africa in : *J Fish Biol.* 2019;1–13

www.ingramcontent.com/pod-product-compliance
Lightning Source LLC
Chambersburg PA
CBHW070251220526
45465CB00004B/1580